[修订版]

chá
茶
jīng
经
sòng
诵
dú
读
gōng
功
kè
课

[唐]陆羽◎著

蓝彬◎编

前言

　　陆羽《茶经》是一个茶者的必读经典，而诵读《茶经》是习茶之基本功课。很多人把《茶经》仅仅当作一本茶文化图书对待，我在很多场合都反复强调——《茶经》是一本与《论语》《道德经》《金刚经》等相提并论的经书，在习茶人的心中，这是一本至高无上的经文，只有如此我们对这本书才有恭敬之心、践履之志。

　　《茶经》是以"茶"为载体，阐述自然规律的一本书，明代徐同气的《茶经序》这么写道："凡经者可例百世，而不可绳一时者也。"能称之为经的典籍其实都是要表达恒久不变的道。

　　在推广《茶经》诵读活动时，有人认为诵读《茶经》是特别简单的事，都有点不屑于去做这么简单的事儿，我敢断定有这种想法的人甚至连一遍《茶经》都没有读过。在上一版《陆羽茶经诵读》的扉页我经常会写上"书读百遍，其义自见"几字与读者共勉，后来仔细想想，"书读百遍"这件小事要真正做到也很不容易。《茶经》一共十章七千多言，通读一遍约要花五十多分钟，我经常建议茶者每天花十多分钟读《茶经》当作早课：周一读一之源、二之具、三之造这三章经，周二读四之器，周三读五之煮、六之饮两章经，周四读七之事，周五读八之出、九之略、十之图三章经，周六与周日还可以休息。这样一周刚好读一遍

《茶经》，要读一百遍也得花将近两年时间。有的读者非常精进，可以一天读一遍，这也要用上一百天时间！

有人问我："是不是先理解了《茶经》再来诵读会好一些？"我一般会回答："还是先诵读吧。"从简单入手，先不要管自己是否理解文义，读着读着就"其义自见"了。也就是诵读经文时你要打开悟门，关上解门；而当有明师为你解经时，请适当地关上悟门，打开解门，这就是最老实的笨办法。

也常有人建议，在《茶经》注音时增加一些注释，以达到一箭双雕的读书效果，我还是觉得诵读经文以达到自见证悟的效果更有价值。古德云："塞人悟门，罪莫大焉。"所以当你拿起本书时，最好的行动莫过于放声诵读，千万不要仅仅默看，要出于口，成于声，而畅于气。清代桐城派古文家姚鼐在《与陈硕士书》中说："大抵学古文者，必要放声疾读，只久之自悟；若但能默看，即终身作外行也。"

《茶经诵读功课》还将整本经文分成三十二课，这种分法借鉴了昭明太子将《金刚经》三十二分的做法，同时建议大家学习欧阳修的"计字日诵"的方法，两者兼顾，就可以更好地从本书中获益。

陆羽先生除了是一位茶学宗师，同时也是一位音韵学大家，他曾参与编写音韵学巨著《韵海镜源》，《茶经》除了是习茶的根本之书，同时音韵也非常优美，希望《茶经诵读功课》的出版能带动大家去感受其经文之美、之妙！

蓝彬

2021 年 9 月 18 日

一之源

竟陵陸　羽　撰

二之具

三之造

一之源

茶者南方之嘉木也一尺二尺迺至數十尺其巴山
峽川有兩人合抱者伐而掇之其樹如瓜蘆葉如梔
子花如白薔薇實如栟櫚葉如丁香根如胡桃栟櫚
木也其子似
胡桃瓜蘆出
廣州似茶至
苦澀栟櫚蒲
葵之屬其子
似茶胡桃與
茶根皆下孕
兆至瓦礫苗木
上抽

其字或
從草或從木或草木并
蓀其字出爾雅
者義當從
木當作檟
其字出開
元文字音
義其名一曰茶二曰檟三曰蔎四曰茗
五曰荈
周公云檟苦荼
楊執戟云蜀西
南人謂荼曰蔎
郭弘農云早取
為茶晚取為茗
或一曰荈耳

其地上者生爛石中者生礫壤下者生黃土凡藝

绿地粉彩番莲茶壶 ［清］乾隆

目 录

《陆羽烹茶图》 ［元末明初］ 赵丹林

《东林图》 [明] 仇英

一 yī
之 zhī
源 yuán

《竹苑品古》 〔明〕仇英

一　之　源
第　一　课

chá zhě　nán fāng zhī jiā mù yě
茶 者，南 方 之 嘉 木 也。

yì①　chǐ　　èr chǐ nǎi zhì shù shí chǐ　qí bā shān
一① 尺、二 尺 乃 至 数 十 尺，其 巴 山

xiá chuān yǒu liǎng rén hé bào zhě　fá ér duō zhī
峡 川，有 两 人 合 抱 者，伐 而 掇 之。

qí shù rú guā lú　yè rú zhī zǐ　huā rú bái qiáng
其 树 如 瓜 芦，叶 如 栀 子，花 如 白 蔷

wēi　shí rú bīng lú②　dì rú dīng xiāng gēn rú hú táo
薇，实 如 栟 榈②，蒂 如 丁 香，根 如 胡 桃。

① "一"字读音：yī "一"字独用，或者作为词或句子的最后一个字使用或当作序
数时，读本调第一声（阴平），如"统一"、"一一得一"等。yí "一"字用在第
四声（去声）字的前面时，"一"变调，读第二声（阳平），例如"一扇"、"一
器"。"一"字用在第一声（阴平）、第二声（阳平）、第三声（上声）字的前面
时，"一"变调，读第四声（去声），例如"一人"。

② 栟榈（栟榈）：bīng lǘ 木名，即棕榈。汉张衡《南都赋》："楈枒栟榈，柍柘
檍檀。"

其字，或从草，或从木，或草木并。

其名，一曰茶，二曰槚，三曰蔎，四曰茗，五曰荈。

其地，上者生烂石，中者生砾壤，下者生黄土。

凡艺而不实，植而罕茂，法如种瓜，三岁可采。

野者上，园者次，阳崖阴林。紫者上，绿者次；笋者上，牙者次；叶卷上，叶舒次。阴山坡谷者，不堪采掇，性凝滞，结瘕疾。

第 二 课

chá zhī wéi yòng wèi zhì hán wéi yǐn zuì yí jīng xíng
茶之为用，味至寒，为饮最宜，精行

jiǎn dé zhī rén ruò rè kě níng mèn nǎo téng mù sè
俭德之人，若热渴、凝闷，脑疼、目涩，

sì zhī fán bǎi jié bù shū liáo sì wǔ chuò yǔ tí hú
四肢烦，百节不舒，聊四五啜，与醍醐

gān lù kàng héng yě
甘露抗衡也。

cǎi bù shí zào bù jīng zá yǐ huì mǎng yǐn zhī
采不时，造不精，杂以卉莽，饮之

chéng jí
成疾。

chá wéi léi yě yì yóu rén shēn shàng zhě shēng shàng
茶为累①也，亦犹人参。上者生 上

① 累（纍）：léi，形声字，从糸，表示与线丝有关，畾（雷）声，本义为绳索。
累，一曰大索也。（《说文》）所以此处累的读音为古音。

党，中者生百济、新罗，下者生高丽。

有生泽州、易州，幽州、檀州者，为药无

效。况非此者，设服荠苨，使六疾不瘳。

知人参为累，则茶累尽矣。

《玩古图》 ［明］杜堇

二 èr 之 zhī 具 jù

《唐人文会图》 ［北宋］赵佶

二之具
第三课

<small>yíng　yì yuē lán　yì yuē lóng　yì yuē jǔ　yǐ zhú</small>
籯，一曰篮，一曰笼，一曰筥。以竹

<small>zhī zhī　shòu wǔ shēng　huò yì dǒu　èr dǒu　sān dǒu zhě</small>
织之，受五升，或一斗、二斗、三斗者，

<small>chá rén fù yǐ cǎi chá yě</small>
茶人负以采茶也。

<small>zào　wú yòng tū zhě</small>
灶，无用突者。

<small>fǔ　yòng chún kǒu zhě</small>
釜，用唇口者。

<small>zèng　huò mù huò wǎ　fěi yāo ér nì①　lán yǐ</small>
甑，或木或瓦，匪腰而泥①。篮以

---

① 泥 nì：做动词时读 nì，涂抹之意。

算^①之，篾以系^②之。始其蒸也，入乎算；既其熟也，出乎算。釜涸，注于甑中。又以穀木枝三亚者制之，散所蒸牙笋并叶，畏流其膏。

杵臼，一曰碓，惟恒用者佳。

① 算 bì：不写成箄，不读 bēi，也不读 bǐ。蒸隔，竹制，算者，蔽也。
② 系（繋）xì：束缚；捆绑。系，繋也。（《说文》）系，连也。（《广雅》）系，繋，相连繋也。（《释名·释衣服》）

第四课

guī　　yì yuē mú　　yì yuē quān　yǐ tiě zhì zhī　huò
规，一曰模，一曰棬。以铁制之，或

yuán huò fāng huò huā
圆，或方，或花。

chéng　yì yuē tái　　yì yuē zhēn　yǐ shí wéi zhī　bù
承，一曰台，一曰砧，以石为之。不

rán　 yǐ huái sāng mù bàn mái dì zhōng qiǎn wú suǒ yáo dòng
然，以槐桑木半埋地中，遣无所摇动。

chān　　yì yuē yī　　yǐ yóu juàn huò yǔ shān dān fú
襜①，一曰衣，以油绢或雨衫、单服

bài zhě wéi zhī　　yǐ chān zhì chéng shàng　yòu yǐ guī zhì chān
败者为之。以襜置承上，又以规置襜

① 襜：读音 chān，系在衣服前面的围裙。《尔雅释物》："衣蔽前谓之襜。" 有的
版本为檐，应是襜之误。古人上衣下裳前襜，均为整齐之貌，制茶用襜也是为
了整齐干净，铺在承上，在制茶饼过程中实现"倒模"之作用。

上，以造茶也。茶成，举而易之。

芘莉①，一曰籝子，一曰筹筤。以二
小竹，长三尺，躯二尺五寸，柄五寸，以
篾织方眼，如圃人土罗，阔二尺，以列
茶也。

---

① 芘莉：现在读音 bì lì。竹制的盘子类器具。但有注释音杷［pá］离［lí］。莉：
古书上说的一种似藤的蔓生竹，古同"篱"。所以，注音为杷［pá］离［lí］更
加符合音韵。

第五课

棨，一曰锥刀，柄以坚木为之，用穿
茶也。

扑，一曰鞭。以竹为之，穿茶以解
茶也①。

焙，凿地深二尺，阔二尺五寸，长一
丈，上作短墙，高二尺，泥之。

---

① 穿茶以解茶也：解 jiè，解送。把茶穿起来，然后解送到焙后解开。有两义，
《茶经》是南方韵，也可以读解 jiě。

贯，削①竹为之，长二尺五寸，以贯
茶焙之。

棚，一曰栈。以木构于焙上，编木两
层，高一尺，以焙茶也。茶之半干，升下
棚，全干，升上棚。

① 削：xiāo，动词，斜着刀略平地切去物体的表层，例如：公输子削竹木以为鹊。
　　（《墨子·鲁问》）

第 六 课

chuàn　　jiāng dōng　huái nán　　pōu zhú wéi zhī　　bā shān
穿①，江东、淮南，剖竹为之。巴山

xiá chuān　　rèn gǔ pí wéi zhī　　jiāng dōng yǐ yì jīn wéi shàng
峡川②，纫榖皮为之。江东以一斤为上

chuàn bàn jīn wéi zhōng chuàn　　sì liǎng　　wǔ liǎng wéi xiǎo chuàn
穿，半斤为中穿，四两、五两为小穿；

xiá zhōng　　yǐ yì bǎi èr shí jīn wéi shàng chuàn　　bā shí jīn
峡中，以一百二十斤为上穿，八十斤

wéi zhōng chuàn wǔ shí jīn wéi xiǎo chuàn chuàn zì jiù zuò　　chāi
为中穿，五十斤为小穿。穿字旧作"钗

chuàn zhī　　chuàn zì　　huò zuò guàn chuàn jīn zé bù rán　　rú
钏"之"钏"字，或作贯串。今则不然，如

① 穿：读音 chuàn，是计量单位。
② 原著为"巴川峡山"，此处"巴山峡川"是按《茶经述评》作的一次微调，作者更认同巴山峡川，与一之源对应，读起来更顺畅。

"磨、扇、弹、钻、缝"五字，文以平声书之，义以去声呼之，其字以穿名之。

育，以木制之，以竹编之，以纸糊之。中有隔，上有覆，下有床，傍有门，掩一扇，中置一器，贮煻煨火，令煴煴然，江南梅雨时，焚之以火。

《卖浆图》 〔清〕姚文翰

三 sān
之 zhī
造 zào

《撵茶图》局部 [南宋] 刘松年

三之造
第七课

凡采茶，在二月、三月、四月之间。

茶之笋者，生烂石沃土，长四、五寸，若薇蕨始抽，凌露采焉。茶之牙者，发于丛薄之上，有三枝、四枝、五枝者，选其中枝颖拔者采焉。

其日有雨不采，晴有云不采。晴采之，蒸之、捣之，拍之、焙之，穿之、封之，茶之干矣。

第 八 课

chá yǒu qiān wàn zhuàng　lǔ mǎng ér yán　　rú hú rén xuē
茶 有 千 万 状，卤 莽 而 言，如 胡 人 靴

zhě　　cù suō rán　péng niú　yì zhě　lián chān rán　　fú yún
者，蹙 缩 然；犎 牛①臆 者，廉 襜 然；浮 云

chū shān zhě　lún qūn rán　qīng biāo fú shuǐ zhě　hán dàn rán
出 山 者，轮 囷 然；轻 飙 拂 水 者，涵 澹 然；

yǒu　rú táo jiā zhī zǐ　luó gāo tǔ yǐ shuǐ dèng cǐ zhī
有 如 陶 家 之 子，罗 膏 土 以 水 澄 泚 之；

yòu rú xīn zhì dì zhě　yù bào yǔ liú lǎo zhī suǒ jīng cǐ
又 如 新 治 地 者，遇 暴 雨 流 潦 之 所 经。此

jiē chá zhī jīng yú　yǒu rú zhú tuò zhě　zhī gàn jiān shí
皆 茶 之 精 腴。有 如 竹 箨 者，枝 干 坚 实，

① 犎牛：一种背部隆起的野牛。犎的普通话为 fēng，但有注释音朋（古音 péng），
所以读音为 péng。

jiān yú zhēng dǎo   gù qí xíng lí shī   rán   yǒu rú shuāng hé
艰 于 蒸 捣，故 其 形 籭 筛①然；有 如 霜 荷

zhě   jīng yè diāo jǔ   yì   qí zhuàng mào   gù jué zhuàng wěi cuì
者，茎 叶 凋 沮，易 其 状 貌，故 厥 状 委 萃

rán   cǐ jiē chá zhī jí lǎo zhě yě
然。此 皆 茶 之 瘠 老 者 也。

zì cǎi zhì yú fēng   qī jīng mù   zì hú xuē zhì yú
自 采 至 于 封，七 经 目，自 胡 靴 至 于

shuāng hé   bā děng
霜 荷，八 等。

---

①　籭筛：籭、筛相通，读音亦同为 shāi，皆为竹器。《说文》："籭，竹器也。"
《集韵》说是竹筛。《茶经》有注释音离师，所以注音为 lí shī。

第 九 课

或以光黑平正言嘉者，斯鉴之下也；以皱黄坳垤言嘉者，鉴之次也；若皆言嘉及皆言不嘉者，鉴之上也。

何者？出膏者光，含膏者皱；宿制者则黑，日成者则黄；蒸压则平正，纵之则坳垤。此茶与草木叶一也。

茶之否臧，存于口诀。

四
zhī 之
qì 器

［宋］佚名

四 之 器

第 十 课

风 炉（灰 承）

风 炉，以 铜 铁 铸 之，如 古 鼎 形，厚 三

分，缘 阔 九 分，令 六 分 虚 中，致 其 杇 墁。

凡 三 足，古 文 书 二 十 一 字，一 足 云 "坎

上 巽 下 离 于 中"，一 足 云 "体 均 五 行 去

百 疾"，一 足 云 "圣 唐 灭 胡 明 年 铸"。其

三 足 之 间，设 三 窗，底 一 窗 以 为 通 飚 漏

烬 之 所。上 并 古 文 书 六 字，一 窗 之 上

书"伊公"二字，一窗之上书"羹陆"二字，一窗之上书"氏茶"二字，所谓"伊公羹，陆氏茶"也。置墆㙮于其内，设三格：其一格有翟①焉，翟者，火禽也，画一卦曰离；其一格有彪焉，彪者，风兽也，画一卦曰巽；其一格有鱼焉，鱼者，水虫也，画一卦曰坎。巽主风，离主火，坎主水，风能兴火，火能熟水，故备其三卦焉。其饰以连葩、垂蔓，曲水、方文之类。其炉，或锻铁为之，或运泥为之。

① 翟：长尾山雉（野鸡）。

qí huī chéng zuò sān zú tiě pán tái zhī
其 灰 承 ，作 三 足 铁 柈 抬① 之 。

jǔ
筥

jǔ yǐ zhú zhī zhī gāo yì chǐ èr cùn jìng kuò qī
筥 ，以 竹 织 之 。高 一 尺 二 寸 ，径 阔 七

cùn huò yòng téng zuò mù xuàn rú jǔ xíng zhī zhī liù chū
寸 ，或 用 藤 作 木 楦 ，如 筥 形 织 之 ，六 出

yuán yǎn qí dǐ gài ruò lì qiè kǒu shuò zhī
圆 眼 ，其 底 盖 若 利 箧 ，口 铄 之② 。

tàn zhuā
炭 挝

tàn zhuā yǐ tiě liù léng zhì zhī cháng yì chǐ ruì
炭 挝 ，以 铁 六 棱 制 之 ，长 一 尺 ，锐

shàng fēng zhōng zhí xì tóu xì yī xiǎo zhǎn yǐ shì zhuā yě
上 丰 中 ，执 细 头 系 一 小 镊 ，以 饰 挝 也 ，

ruò jīn zhī hé lǒng jūn rén mù yù yě huò zuò chuí huò
若 今 之 河 陇 军 人 木 吾③ 也 。或 作 锤 ，或

zuò fǔ suí qí biàn yě
作 斧 ，随 其 便 也 。

① 抬：不写作"台"。承之义。
② 口铄之：为收口之意。诵读时不可断开。
③ 吾：通"御"，防御、抵御的意思。

火筴

火筴，一名箸。若常用者，圆直一尺三寸，顶平截，无葱台勾锁之属，以铁或熟铜制之。

第 十 一 课

fǔ
鍑

fǔ　　yǐ shēng tiě wéi zhī　　jīn rén yǒu yè yě zhě
鍑，以 生 铁 为 之。今 人 有 业 冶 者，

suǒ wèi jí tiě　qí tiě yǐ gēng dāo zhī jū①　liàn ér zhù
所 谓 急 铁，其 铁 以 耕 刀 之 趄①，炼 而 铸

zhī　　nèi mú tǔ ér wài mú shā　tǔ huá yú nèi　yì qí
之。内 摸②土 而 外 摸 沙，土 滑 于 内，易 其

mó dí　shā sè yú wài　xī qí yán yàn fāng qí ěr　yǐ
摩 涤；沙 涩 于 外，吸 其 炎 焰。方 其 耳，以

---

① 趄：艰难行走之意，成语有"趑趄（zī jū）不前"，此处引申为坏的、旧的。《说文》：趑趄也。又《集韵》：或作且、跙。《易·夬卦》：其行次且。《释文》：本亦作趑趄。或作趑跙。王肃云：趑趄，行止之碍也。
② 摸：通"模"，模具之意。

正 令 也，广 其 缘，以 务 远 也，长 其 脐，以

守 中 也。脐 长 则 沸 中，沸 中 则 末 易 扬，

末 易 扬 则 其 味 淳 也。洪 州 以 瓷 为 之，莱

州 以 石 为 之，瓷 与 石 皆 雅 器 也，性 非 坚

实，难 可 持 久。用 银 为 之，至 洁，但 涉 于

侈 丽。雅 则 雅 矣，洁 亦 洁 矣，若 用 之 恒，

而 卒 归 于 铁①也。

交 床

交 床，以 十 字 交 之，剜 中 令 虚，以

支 鍑 也。

① 此处为铁，不可为银。鍑以铁制为佳。用瓷与石，雅，但性非坚实，不耐用。
用银，洁，但涉于侈丽，为陆羽不取。用铁，雅、洁、耐用三者兼备，是老百
姓日用品，美不伤廉。

第十二课

夹 (jiā)

夹 (jiā)，以 (yǐ) 小 (xiǎo) 青 (qīng) 竹 (zhú) 为 (wéi) 之 (zhī)，长 (cháng) 一 (yì) 尺 (chǐ) 二 (èr) 寸 (cùn)，令 (lìng) 一 (yí) 寸 (cùn) 有 (yǒu) 节 (jié)，节 (jié) 已 (yǐ) 上 (shàng) 剖 (pōu) 之 (zhī)，以 (yǐ) 炙 (zhì) 茶 (chá) 也 (yě)。彼 (bǐ) 竹 (zhú) 之 (zhī) 筱 (xiǎo)，津 (jīn) 润 (rùn) 于 (yú) 火 (huǒ)，假 (jiǎ) 其 (qí) 香 (xiāng) 洁 (jié) 以 (yǐ) 益 (yì) 茶 (chá) 味 (wèi)，恐 (kǒng) 非 (fēi) 林 (lín) 谷 (gǔ) 间 (jiān) 莫 (mò) 之 (zhī) 致 (zhì)。或 (huò) 用 (yòng) 精 (jīng) 铁 (tiě) 熟 (shú) 铜 (tóng) 之 (zhī) 类 (lèi)，取 (qǔ) 其 (qí) 久 (jiǔ) 也 (yě)。

纸 囊 (zhǐ náng)

纸 (zhǐ) 囊 (náng)，以 (yǐ) 剡 (shàn) 藤 (téng) 纸 (zhǐ) 白 (bái) 厚 (hòu) 者 (zhě) 夹 (jiā) 缝 (féng) 之 (zhī)。以 (yǐ)

zhù suǒ zhì chá shǐ bú xiè qí xiāng yě
贮 所 炙 茶 ， 使 不 泄 其 香 也 。

niǎn   fú mò
碾 （ 拂 末 ）

niǎn yǐ jú mù wéi zhī   cì yǐ lí sāng tóng zhè
碾 ， 以 橘 木 为 之 ， 次 以 梨 、 桑 、 桐 、 柘

wéi zhī   nèi yuán ér wài fāng   nèi yuán bèi yú yùn xíng yě
为 之 。 内 圆 而 外 方 ， 内 圆 备 于 运 行 也 ，

wài fāng zhì qí qīng wēi yě   nèi róng duò ér wài wú yú   mù
外 方 制 其 倾 危 也 。 内 容 堕 而 外 无 余 ， 木

甜白三系茶壶 ［明］永乐 无款

duò xíng rú chē lún   bù fú ér zhóu yān cháng jiǔ cùn kuò
堕，形 如 车 轮，不 辐 而 轴 焉。长 九 寸，阔

yí cùn qī fēn   duò jìng sān cùn bā fēn   zhōng hòu yí cùn biān
一 寸 七 分，堕 径 三 寸 八 分，中 厚 一 寸，边

hòu bàn cùn   zhóu zhōng fāng ér zhí yuán   qí fú mò   yǐ niǎo
厚 半 寸，轴 中 方 而 执 圆。其 拂 末，以 鸟

yǔ zhì zhī
羽 制 之。

luó hé
罗 合

luó mò yǐ hé gài zhù zhī   yǐ zé zhì hé zhōng yòng
罗 末 以 合 盖 贮 之，以 则 置 合 中。用

jù zhú pōu ér qū zhī   yǐ shā juàn yì   zhī   qí hé   yǐ
巨 竹 剖 而 屈 之，以 纱 绢 衣①之。其 合，以

zhú jié wéi zhī   huò qū shān yǐ qī zhī   gāo sān cùn   gài
竹 节 为 之，或 屈 杉 以 漆 之。高 三 寸，盖

yí cùn   dǐ èr cùn   kǒu jìng sì cùn
一 寸，底 二 寸，口 径 四 寸。

---

① 衣：本义为穿，此处为缝上。如"解衣衣我"，前一个"衣"读一声，第二个
"衣"读四声。

则

则，以海贝、蛎蛤之属，或以铜、铁、竹匕、策之类。则者，量也，准也，度也。凡煮水一升，用末方寸匕，若好薄者减，嗜浓者增，故云则也。

第 十 三 课

shuǐ fāng
水 方

shuǐ fāng　　yǐ zhòu mù　　huái　qiū　　zǐ děng hé zhī
水 方，以 椆 木①、槐 、楸 、梓 等 合 之，

qí　lǐ bìng wài fèng qī zhī shòu yì dǒu
其 里 并 外 缝 漆 之 ，受 一 斗 。

lù　shuǐ náng
漉 水 囊

lù　shuǐ náng　ruò cháng yòng zhě　　qí　gé　yǐ shēng tóng zhù
漉 水 囊 ，若 常 用 者 ，其 格 以 生 铜 铸

zhī　　yǐ bèi shuǐ shī　wú yǒu tái huì xīng sè yì　　yǐ shú
之 ，以 备 水 湿 ，无 有 苔 秽 腥 涩 意 ，以 熟

tóng tái huì　　tiě xīng sè yě　lín　qī　gǔ yǐn zhě　　huò yòng
铜 苔 秽 ，铁 腥 涩 也 。林 栖 谷 隐 者 ，或 用

① 椆木：木名也，是一种坚硬而又有韧性的木料。

之竹木,木与竹非持久涉远之具,故用

之生铜。其囊织青竹以卷之,裁碧缣

以缝之,纽翠钿以缀之。又作绿油囊以

贮之。圆径五寸,柄一寸五分。

瓢

瓢,一曰牺①杓,剖瓠为之,或刊木

为之。晋舍人杜毓《荈赋》云:"酌之以

匏。"匏,瓢也。口阔,胫薄,柄短。永嘉

中,余姚人虞洪入瀑布山采茗,遇一道

---

① 牺:牺与献同音为suō,即音娑,亦作牺,牺尊为古代酒器名,在《周礼》六尊之中,最华美的就是牺尊。

士，云：" 吾，丹丘子，祈子他日瓯牺之

余，乞相遗也。" 牺，木杓也，今常用以

梨木为之。

第十四课

竹夹 (zhú jiā)

竹夹，或以桃、柳、蒲葵木为之，或以柿心木为之。长一尺，银裹两头。

鹾簋（揭） (cuó guǐ jiē)

鹾簋，以瓷为之。圆径四寸，若合形，或瓶或罍，贮盐花也。其揭，竹制，长四寸一分，阔九分。揭，策也。

熟盂
shú yú

熟盂，以贮熟水，或瓷或沙，受
shú yú　　yǐ zhù shú shuǐ　huò cí huò shā　shòu

二升。
èr shēng

第 十 五 课

碗 (wǎn)

碗(wǎn)，越(yuè)州(zhōu)上(shàng)，鼎(dǐng)州(zhōu)次(cì)，婺(wù)州(zhōu)次(cì)；岳(yuè)州(zhōu)上(shàng)①，寿(shòu)州(zhōu)、洪(hóng)州(zhōu)次(cì)。或(huò)者(zhě)以(yǐ)邢(xíng)州(zhōu)处(chǔ)越(yuè)州(zhōu)上(shàng)，殊(shū)为(wéi)不(bù)然(rán)。若(ruò)邢(xíng)瓷(cí)类(lèi)银(yín)，越(yuè)瓷(cí)类(lèi)玉(yù)，邢(xíng)不(bù)如(rú)越(yuè)一(yī)也(yě)；若(ruò)邢(xíng)瓷(cí)类(lèi)雪(xuě)，则(zé)越(yuè)瓷(cí)类(lèi)冰(bīng)，邢(xíng)不(bù)如(rú)越(yuè)二(èr)也(yě)；邢(xíng)瓷(cí)白(bái)而(ér)茶(chá)

---

① 此处的"上"，不改为"次"，语序更佳。从下文看，越州瓷、岳瓷皆青，青则益茶。则岳州瓷亦为上品。

色丹，越瓷青而茶色绿，邢不如越三

也。晋杜毓《荈赋》所谓"器择陶拣，出

自东瓯"。瓯，越也。瓯，越州上，口唇不

卷，底卷而浅，受半升已下。越州瓷、岳

瓷皆青，青则益茶。茶作白红之色，邢

州瓷白，茶色红；寿州瓷黄，茶色紫；洪

州瓷褐，茶色黑。悉不宜茶。

畚

畚，以白蒲卷而编之，可贮碗十枚。

或用筥，其纸帊以剡纸夹缝令方，亦十

之也。

第 十 六 课

札 (zhá)

zhá jī bīng lú pí yǐ zhū yú mù jiā ér fù
札， 缉栟榈皮， 以茱萸木夹而缚

zhī huò jié zhú shù ér guǎn zhī ruò jù bǐ xíng
之，或截竹束而管之，若巨笔形。

涤 方 (dí fāng)

dí fāng yǐ zhù dí xǐ zhī yú yòng qiū mù hé
涤方， 以贮涤洗之余， 用楸木合

zhī zhì rú shuǐ fāng shòu bā shēng
之，制如水方，受八升。

滓 方 (zǐ fāng)

zǐ fāng yǐ jí zhū zǐ zhì rú dí fāng chù
滓方， 以集诸滓， 制如涤方，处

wǔ shēng
五 升。

jīn
巾

jīn　yǐ　shī　bù　wéi　zhī　cháng　èr　chǐ　zuò　èr　méi　hù
巾，以 绝 布 为 之，长 二 尺，作 二 枚 互

yòng zhī　　yǐ　jié　zhū　qì
用 之，以 洁 诸 器。

第 十 七 课

jù liè具 列

具列，或作床，或作架。或纯木、纯竹而制之，或木法竹。黄黑可扃而漆

《摹宋人文会图》　［清］姚文瀚

者。长三尺，阔二尺，高六寸。具列者，

悉敛诸器物，悉以陈列也。

都篮

都篮，以悉设诸器而名之。以竹篾，内作三角方眼，外以双篾阔者经之，以单篾纤者缚之，递压双经，作方眼，使玲珑。高一尺五寸，底阔一尺，高二寸，长二尺四寸，阔二尺。

《宫女图》 [南唐]周文矩

五 wǔ

之 zhī

煮 zhǔ

《烹茶洗砚图》 〔清〕 钱慧安

五之煮
第十八课

凡炙茶，慎勿于风烬间炙。熛焰如
钻，使炎凉不均。持以逼火，屡其翻正，
候炮出培塿，状虾蟆背①，然后去火五
寸。卷而舒，则本其始，又炙之。若火干
者，以气熟止；日干者，以柔止。

其始，若茶之至嫩者，蒸罢热捣，叶

---

① 状虾蟆背：虾蟆（同蛤蟆）背上有很多丘泡，不平滑，这里形容茶饼表面起泡
如蛙背。

烂 而 牙 笋 存 焉。假 以 力 者，持 千 钧 杵，

亦 不 之 烂。如 漆 科 珠，壮 士 接 之，不 能

驻 其 指。及 就，则 似 无 穰 骨 也。炙 之，则

其 节 若 倪 倪 如 婴 儿 之 臂 耳。

《备茶图》　辽代张恭诱墓壁画　河北宣化

既而承热用纸囊贮之，精华之气，
无所散越，候寒末之。

其火，用炭，次用劲薪。其炭，曾经
燔炙，为膻腻所及，及膏木、败器不用
之。古人有劳薪之味，信哉！

其水，用山水上，江水中，井水下。

其山水，拣乳泉、石池，慢流者上；其瀑
涌湍漱，勿食之，久食令人有颈疾。又
水流于山谷者，澄浸不泄，自火天至霜
郊以前，或潜龙蓄毒于其间，饮者可决
之，以流其恶，使新泉涓涓然，酌之。其
江水，取去人远者。井，取汲多者。

第 十 九 课

其沸，如鱼目，微有声，为一沸；缘
边如涌泉连珠，为二沸；腾波鼓浪，为
三沸。已上水老不可食也。

初沸，则水合量，调之以盐味，谓
弃其啜余，无乃䓄饀而钟其一味乎？
第二沸，出水一瓢，以竹夹环激汤心，
则量末当中心而下。有顷，势若奔涛溅
沫，以所出水止之，而育其华也。

凡酌，置诸碗，令沫饽①均。沫饽，汤之华也。华之薄者曰沫，厚者曰饽，细轻者曰花。如枣花漂漂然于环池之上，又如回潭曲渚青萍之始生，又如晴天爽朗有浮云鳞然。其沫者，若绿钱浮于水湄，又如菊英堕于鐏俎之中。饽者，以滓煮之，及沸，则重华累沫，皤皤然若积雪耳。《荈赋》所谓"焕如积雪，烨若春薂"，有之。

第一煮水沸，而弃其沫之上有水

---

① 饽：音韵蒲笏反，音 pù。

《宋人十八学士图》之棋

《宋人十八学士图》之琴

《宋人十八学士图》之书

《宋人十八学士图》之画

膜如黑云母，饮之则其味不正。其第一
者为隽永，或留熟盂以贮之，以备育华
救沸之用。诸第一与第二、第三碗次第
之，第四、第五碗外，非渴甚莫之饮。

《松林煮茶》 ［清］高简

第 二 十 课

凡煮水一升，酌分五碗，乘热连
饮之。以重浊凝其下，精英浮其上。如
冷，则精英随气而竭，饮啜不消亦然矣。

茶性俭，不宜广，广则其味黯澹。

且如一满碗，啜半而味寡，况其广乎！

其色缃也，其馨歝也。其味甘，槚
也；不甘而苦，荈也；啜苦咽甘，茶也。

六之饮

liù zhī yǐn

《新娘的嫁衣》 [明] 唐寅

六之饮
第二十一课

翼而飞，毛而走，呋而言，此三者俱

生于天地间，饮啄以活，饮之时义远矣

哉！至若救渴，饮之以浆；蠲忧忿，饮

之以酒；荡昏寐，饮之以茶。

茶之为饮，发乎神农氏，闻于鲁周

公。齐有晏婴，汉有扬雄、司马相如，

吴有韦曜，晋有刘琨、张载，远祖纳，谢

安、左思之徒，皆饮焉。滂时浸俗，盛于

guó cháo liǎng dū bìng jīng yú jiān　yǐ wéi bǐ wū zhī yǐn
国 朝 , 两 都 并 荆 渝 间 , 以 为 比 屋 之 饮 。

yǐn yǒu cū chá　sǎn chá　mò chá bǐng chá zhě　nǎi
饮 有 粗 茶 、 散 茶 , 末 茶 、 饼 茶 者 , 乃

zhuó　nǎi áo　nǎi yáng　nǎi chōng zhù yú píng fǒu zhī zhōng
斫 、 乃 熬 , 乃 炀 、 乃 舂 , 贮 于 瓶 缶 之 中 ,

yǐ tāng wò yān　wèi zhī yè chá　huò yòng cōng jiāng zǎo
以 汤 沃 焉 , 谓 之 痷 茶①。 或 用 葱 、 姜 、 枣 、

jú pí zhū yú　bò hé zhī děng zhǔ zhī bǎi fèi　huò yáng
橘 皮 , 茱 萸 、 薄 荷 之 等 , 煮 之 百 沸 , 或 扬

lìng huá　huò zhǔ qù mò　sī gōu qú jiān qì shuǐ ěr　ér
令 滑 , 或 煮 去 沫 , 斯 沟 渠 间 弃 水 耳 , 而

xí sú bù yǐ
习 俗 不 已 。

① 痷（yè）茶：痷为病，瘦病之义，意为病态。《博雅》："病也。" 饮茶术语。《玉篇》："半卧半起，病也。"《五音集韵》："瘦病。" 当痷字为瘦病之义时读yè，陆羽以此义来贬低泡茶法，引申为半生不熟，与"淹"同音。

第 二 十 二 课

<ruby>於<rt>wū</rt></ruby> <ruby>戏<rt>hū</rt></ruby>①！ <ruby>天<rt>tiān</rt></ruby> <ruby>育<rt>yù</rt></ruby> <ruby>万<rt>wàn</rt></ruby> <ruby>物<rt>wù</rt></ruby>， <ruby>皆<rt>jiē</rt></ruby> <ruby>有<rt>yǒu</rt></ruby> <ruby>至<rt>zhì</rt></ruby> <ruby>妙<rt>miào</rt></ruby>。 <ruby>人<rt>rén</rt></ruby>
<ruby>之<rt>zhī</rt></ruby> <ruby>所<rt>suǒ</rt></ruby> <ruby>工<rt>gōng</rt></ruby>， <ruby>但<rt>dàn</rt></ruby> <ruby>猎<rt>liè</rt></ruby> <ruby>浅<rt>qiǎn</rt></ruby> <ruby>易<rt>yì</rt></ruby>。 <ruby>所<rt>suǒ</rt></ruby> <ruby>庇<rt>bì</rt></ruby> <ruby>者<rt>zhě</rt></ruby> <ruby>屋<rt>wū</rt></ruby>， <ruby>屋<rt>wū</rt></ruby> <ruby>精<rt>jīng</rt></ruby> <ruby>极<rt>jí</rt></ruby>；
<ruby>所<rt>suǒ</rt></ruby> <ruby>著<rt>zhuó</rt></ruby> <ruby>者<rt>zhě</rt></ruby> <ruby>衣<rt>yī</rt></ruby>， <ruby>衣<rt>yī</rt></ruby> <ruby>精<rt>jīng</rt></ruby> <ruby>极<rt>jí</rt></ruby>； <ruby>所<rt>suǒ</rt></ruby> <ruby>饱<rt>bǎo</rt></ruby> <ruby>者<rt>zhě</rt></ruby> <ruby>饮<rt>yǐn</rt></ruby> <ruby>食<rt>shí</rt></ruby>， <ruby>食<rt>shí</rt></ruby> <ruby>与<rt>yǔ</rt></ruby>
<ruby>酒<rt>jiǔ</rt></ruby> <ruby>皆<rt>jiē</rt></ruby> <ruby>精<rt>jīng</rt></ruby> <ruby>极<rt>jí</rt></ruby> <ruby>之<rt>zhī</rt></ruby>。 <ruby>茶<rt>chá</rt></ruby> <ruby>有<rt>yǒu</rt></ruby> <ruby>九<rt>jiǔ</rt></ruby> <ruby>难<rt>nán</rt></ruby>： <ruby>一<rt>yī</rt></ruby> <ruby>曰<rt>yuē</rt></ruby> <ruby>造<rt>zào</rt></ruby>， <ruby>二<rt>èr</rt></ruby> <ruby>曰<rt>yuē</rt></ruby>
<ruby>别<rt>bié</rt></ruby>， <ruby>三<rt>sān</rt></ruby> <ruby>曰<rt>yuē</rt></ruby> <ruby>器<rt>qì</rt></ruby>， <ruby>四<rt>sì</rt></ruby> <ruby>曰<rt>yuē</rt></ruby> <ruby>火<rt>huǒ</rt></ruby>， <ruby>五<rt>wǔ</rt></ruby> <ruby>曰<rt>yuē</rt></ruby> <ruby>水<rt>shuǐ</rt></ruby>， <ruby>六<rt>liù</rt></ruby> <ruby>曰<rt>yuē</rt></ruby> <ruby>炙<rt>zhì</rt></ruby>，
<ruby>七<rt>qī</rt></ruby> <ruby>曰<rt>yuē</rt></ruby> <ruby>末<rt>mò</rt></ruby>， <ruby>八<rt>bā</rt></ruby> <ruby>曰<rt>yuē</rt></ruby> <ruby>煮<rt>zhǔ</rt></ruby>， <ruby>九<rt>jiǔ</rt></ruby> <ruby>曰<rt>yuē</rt></ruby> <ruby>饮<rt>yǐn</rt></ruby>。 <ruby>阴<rt>yīn</rt></ruby> <ruby>采<rt>cǎi</rt></ruby> <ruby>夜<rt>yè</rt></ruby> <ruby>焙<rt>bèi</rt></ruby>， <ruby>非<rt>fēi</rt></ruby>

---

① 於戏：音 wū hū，感叹词，常见的写法是"呜呼"。亦作"於熙"。《礼记·大学》："《诗》云：'於戏！前王不忘。'君子贤其贤而亲其亲，小人乐其乐而利其利。"

zào yě　jiáo wèi xiù xiāng　fēi bié yě　shān dǐng xīng ōu　fēi
造 也；嚼 味 嗅 香，非 别 也；膻 鼎 腥 瓯，非

qì yě　gāo xīn páo tàn　fēi huǒ yě　fēi tuān yōng lǎo　fēi
器 也；膏 薪 庖 炭，非 火 也；飞 湍 壅 潦，非

shuǐ yě　wài shú nèi shēng　fēi zhì yě　bì fěn piāo chén　fēi
水 也；外 熟 内 生，非 炙 也；碧 粉 缥 尘，非

mò yě　cāo jiān jiǎo jù　fēi zhǔ yě　xià xīng dōng fèi
末 也；操 艰 搅 遽，非 煮 也；夏 兴 冬 废，

［清］玉小茶壶

fēi yǐn yě

非 饮 也 。

fú zhēn xiān fù liè zhě　　qí wǎn shù sān　　　cì zhī

夫 珍 鲜 馥 烈 者 ， 其 碗 数 三 ； 次 之

zhě　wǎn shù wǔ　ruò zuò kè shù zhì wǔ　xíng sān wǎn　zhì

者 ， 碗 数 五 。 若 坐 客 数 至 五 ， 行 三 碗 ； 至

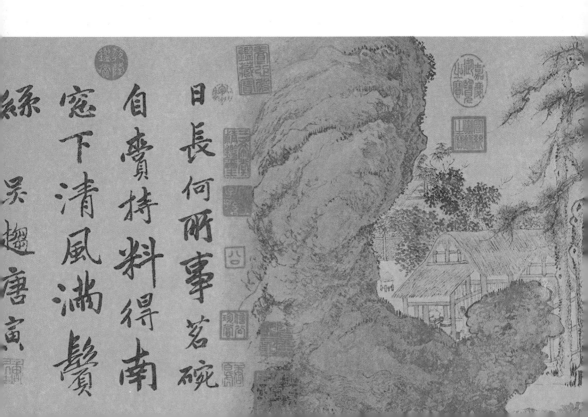

七，行 五 碗；若 六 人 已 下，不 约 碗 数，但
阙 一 人 而 已，其 隽 永 补 所 阙 人。

《事茗图》 ［明］唐寅

七 qī

之 zhī

事 shì

《赵孟頫写经换茶图卷》局部 〔明〕仇英

七之事
qī zhī shì

第二十三课

sān huáng   yán dì shén nóng shì
三皇 炎帝神农氏。

zhōu   lǔ zhōu gōng dàn   qí xiàng yàn yīng
周 鲁周公旦,齐相晏婴。

hàn   xiān rén dān qiū zǐ   huáng shān jūn   sī mǎ wén
汉 仙人丹丘子,黄山君,司马文

yuán lìng xiàng rú   yáng zhí jǐ xióng
园令相如,杨执戟雄。

wú   guī mìng hóu   wéi tài fù hóng sì
吴 归命侯,韦太傅弘嗣。

jìn   huì dì   liú sī kōng kūn   kūn xiōng zǐ yǎn zhōu
晋 惠帝,刘司空琨,琨兄子兖州

cì shǐ yǎn①   zhāng huáng mén mèng yáng   fù sī lì xián   jiāng
刺史演①,张黄门孟阳,傅司隶咸,江

---

① 琨兄子兖州刺史演:刘琨侄子刘演,官职兖州刺史。刘琨兄为刘舆。

洗马① 统，孙参军楚，左记室太冲，陆吴

兴纳，纳兄子会稽内史俶，谢冠军安

石，郭弘农璞，桓扬州温，杜舍人毓，武

康小山寺释法瑶，沛国夏侯恺，余姚

虞洪，北地傅巽，丹阳弘君举，乐安任

育长，宣城秦精，敦煌单道开，剡县陈务

妻，广陵老姥，河内山谦之。

后魏　琅琊王肃。

① 洗马：秦始置。汉时亦作"先马"。秦汉时为太子的侍从官，出行时为前导，故名。秩比六百石。东汉时员额十六人。晋时减为八人，改掌管图籍。南朝梁陈有典经局洗马，掌文翰，职务与汉洗马不同，员额八人，都用士族任之。陈同。北齐称典经坊洗马，员额二人。隋改名为司经局洗马。唐代沿用，仅唐高宗时一度改称司经大夫，其职仍为专掌书籍。清代虽不设太子官属，仍保存洗马官名，属于詹事府，为从五品官，实仅为翰林官迁转阶梯。清末废。唐代名臣魏征，早年曾为唐太子李建成掌管图籍的洗马官。清代张之洞也曾为洗马官。

sòng　　xīn ān wáng zǐ luán　luán dì　　yù zhāng wáng zǐ
宋　新 安 王 子 鸾、鸾 弟，豫 章 王 子

shàng bào zhào　mèi lìng huī　　bā gōng shān shā mén tán　jì
尚，鲍 昭① 妹 令 晖，八 公 山 沙 门 昙 济。

qí　　shì zǔ wǔ dì
齐　世 祖 武 帝。

liáng　　liú tíng wèi　　táo xiān shēng hóng jǐng
梁　刘 廷 尉，陶 先 生 弘 景。

huáng cháo　　xú yīng gōng　jì
皇 朝　徐 英 公 勣。

---

① 鲍昭：唐人避武则天讳而作“鲍昭”，原为鲍照，字明远，与谢灵运、颜延之
并称“元嘉三大家”。

第 二 十 四 课

《神农食经》:"茶茗久服, 令人有力,悦志。"

周公《尔雅》:"槚,苦茶。"

《广雅》云:"荆巴间采叶作饼, 叶老者,饼成以米膏出之。欲煮茗饮,先炙令赤色,捣末置瓷器中, 以汤浇覆之,用葱、姜、橘子芼之。其饮醒酒,令人不眠。"

《晏子春秋》:"婴相齐景公时,食脱粟之饭,炙三弋五卵,茗菜而已。"

司马相如《凡将篇》:"乌喙、桔梗、芫华,款冬、贝母、木檗、蒌,芩草、芍药、桂、漏芦,蜚廉、雚菌、荈诧,白敛、白芷、菖蒲,芒消、莞、椒、茱萸。"

《方言》:"蜀西南人谓茶曰蔎。"

《吴志·韦曜传》:"孙皓每飨宴,坐席无不率以七升为限,虽不尽入口,皆浇灌取尽。曜饮酒不过二升,皓初礼异,密赐茶荈以代酒。"

第 二 十 五 课

《晋中兴书》:"陆纳为吴兴太守时,
卫将军谢安常欲诣纳。纳兄子俶怪纳
无所备, 不敢问之, 乃私蓄十数人馔。
安既至,所设唯茶果而已。俶遂陈盛馔,
珍羞必具。及安去,纳杖俶四十,云:'汝
既不能 光益叔父,奈何秽吾素业?'"

《晋书》:"桓温为扬州牧,性俭,每

宴饮，唯下七奠拌①茶果而已。"

《搜神记》："夏侯恺因疾死，宗人

子苟奴，察见鬼神，见恺来收马，并病

其妻。著平上帻、单衣，入坐生时西壁

大床，就人觅茶饮。"

刘琨与兄子南兖州刺史演书云：

"前得安州干姜一斤，桂一斤，黄芩

一斤，皆所须也。吾体中愦闷，常仰真

茶，汝可致之。"

傅咸司隶教曰："闻南市有蜀妪作

---

① 奠：同"饤"（dìng）：拌，通"盘"（pán），用以指盛贮食物盘碗的量词。

茶粥卖，为廉事打破其器具，后又卖饼

于市，而禁茶粥以困蜀姥，何哉？"

《神异记》："余姚人虞洪入山采

茗，遇一道士，牵三青牛，引洪至瀑布

山曰：'予，丹丘子也。闻子善具饮，常

思见惠。山中有大茗，可以相给。祈子

他日有瓯牺之余，乞相遗也。'因立奠

祀。后常令家人入山，获大茗焉。"

第二十六课

左思《娇女》诗："吾家有娇女，皎皎颇白皙。小字为纨素，口齿自清历。有姊字惠芳，眉目粲如画。驰骛翔园林，果下皆生摘。贪华风雨中，倏忽数百适。心为茶荈剧，吹嘘对鼎𬭎。"

张孟阳《登成都楼》诗云："借问杨子舍，想见长卿庐。程卓累千金，骄侈拟五侯。门有连骑客，翠带腰吴钩。鼎食随时进，百和妙且殊。披林采秋橘，临江钓春鱼。黑子过龙醢，果馔逾蟹蝑。芳茶冠六清，溢味播九区。人生苟安乐，兹土聊可娱。”

傅巽《七诲》："蒲桃、宛柰，齐柿、燕栗，峘阳黄梨①，巫山朱橘，南中茶子，西极石蜜。”

弘君举《食檄》："寒温既毕，应下霜华之茗，三爵而终，应下诸蔗、木瓜，元李、杨梅，五味、橄榄，悬豹、葵羹各

---

① 峘阳：恒山之南，所以此处峘读 héng。

一杯。"

孙楚《出歌》:"茱萸出芳树颠,鲤鱼出洛水泉。白盐出河东,美豉出鲁渊。姜、桂、茶荈出巴蜀,椒、橘、木兰出高山。蓼、苏出沟渠,精稗出中田。"

第 二 十 七 课

华佗《食论》:"苦茶久食,益意思。"

壶居士《食忌》:"苦茶久食,羽化;
与韭同食,令人体重。"

郭璞《尔雅注》云:"树小似栀子,冬
生叶,可煮羹饮。今呼早取为茶,晚取
为茗,或一曰荈,蜀人名之苦茶。"

《世说》:"任瞻,字育长,少时有令
名,自过江失志。既下饮,问人云:'此

wéi tè　　wéi míng　　 jué rén yǒu guài sè　 nǎi zì shēn míng
为 茶①，为 茗？' 觉 人 有 怪 色，乃 自 申 明

yún　xiàng wèn yǐn wéi rè wéi líng　ěr
云：'向 问 饮 为 热 为 冷② 耳。'"

　　　　xù sōu shén jì　　 jìn wǔ dì shí xuān chéng rén qín
《续 搜 神 记》："晋 武 帝 时，宣 城 人 秦

jīng cháng rù wǔ chāng shān cǎi míng　 yù yī máo rén　 cháng zhàng
精 常 入 武 昌 山 采 茗，遇 一 毛 人，长 丈

yú　 yǐn jīng zhì shān xià　 shì yǐ cóng míng ér qù　é ér
余，引 精 至 山 下，示 以 丛 茗 而 去。俄 而

fù hái　 nǎi tàn huái zhōng jú yǐ wèi jīng　 jīng bù　 fù míng
复 还，乃 探 怀 中 橘 以 遗 精。精 怖，负 茗

ér guī
而 归。"

　　　　jìn sì wáng qǐ shì　 huì dì méng chén　 huán luò yáng
晋 四 王 起 事："惠 帝 蒙 尘，还 洛 阳，

huáng mén yǐ wǎ yú chéng chá shàng zhì zūn
黄 门 以 瓦 盂 盛 茶 上 至 尊。"

① 茶：茶字官话读 chá，在南方方言中，其音为 tè，即英语中 tea 的发音源头，此则茶事与后面的"热"（rè）同韵，故注音 tè。
② 冷：此则茶事冷与茗（míng）同韵，故应读作 líng，冷读 lěng 音反而不利于读者理解此则茶事。

《异苑》:"剡县陈务妻,少与二子寡居,好饮茶茗,以宅中有古冢,每饮辄先祀之。二子患之曰:'古冢何知?徒以劳意。'欲掘去之,母苦禁而止。其夜梦一人云:'吾止此冢三百余年,卿二子恒欲见毁,赖相保护,又享吾佳茗,虽潜壤朽骨,岂忘翳桑之报!'及晓,于庭中获钱十万,似久埋者,但贯新耳。母告二子,惭之,从是祷馈愈甚。"

《广陵耆老传》:"晋元帝时,有老姥每旦独提一器茗,往市鬻之,市人竞

买。自旦至夕，其器不减。所得钱散路

傍孤贫乞人，人或异之。州法曹縶之狱

中。至夜，老姥执所鬻茗器，从狱牖中

飞出。"

《艺术传》："敦煌人单道开，不畏

寒暑，常服小石子，所服药有松、桂、蜜

之气，所饮茶苏而已。"

释道说《续名僧传》："宋释法瑶，姓

杨氏，河东人。元嘉中过江，遇沈台真，

请真君武康小山寺，年垂悬车，饭所

饮茶。大明中，敕吴兴，礼致上京，年七

十九。"

宋《江氏家传》："江统，字应①元，

迁愍怀太子洗马，尝上疏谏云：'今

西园卖醯、面，蓝子菜、茶之属，亏败

国体。'"

---

① 应，繁体写成應，读 yìng，感应、回应之意。

第 二 十 八 课

《宋录》:"新安王子鸾,豫章 王子尚,诣昙济道人于八公山, 道人设茶茗,子尚味之曰:'此甘露也,何言茶茗?'"

王微《杂诗》:"寂寂掩高阁,寥寥空广厦。待君竟不归,收颜今就槚。"

鲍昭妹令晖著《香茗赋》。

南齐世祖武皇帝遗诏:"我灵座上

慎勿以牲为祭，但设饼果、茶饮，干饭、
酒脯而已。"

梁刘孝绰《谢晋安王饷米等启》：

"传诏李孟孙宣教旨，垂赐米、酒、瓜、
笋，菹、脯、酢、茗八种。气苾新城，味芳云

《煮茶论画图》 [明]仇英

sōng jiāng tán chōu jié　mài chāng xìng zhī zhēn jiāng　yì zhuó qiào
松。江潭抽节，迈昌荇之珍。疆场擢翘，

yuè　qì jīng zhī měi　xiū fēi tún shù yě jūn　yì sì xuě zhī
越葺精之美。羞非纯束野麕，裹似雪之

lú　zhà yì táo píng hé lǐ　cāo rú qióng zhī càn　míng tóng
驴。鲊异陶瓶河鲤，操如琼之粲。茗同

shí càn　cù lèi wàng gān　miǎn qiān lǐ sù chōng shěng sān yuè
食粲，酢类望柑。免千里宿舂，省三月

liáng jù　xiǎo rén huái huì　dà yì nán wàng
粮聚。小人怀惠，大懿难忘。"

　　　　táo hóng jǐng　zá lù　　kǔ chá　qīng shēn huàn gǔ
　　陶弘景《杂录》："苦茶，轻身换骨，

xī dān qiū zǐ　huáng shān jūn fú zhī
昔丹丘子、黄山君服之。"

　　　　hòu wèi lù　　láng yá wáng sù　　shì nán cháo
　　《后魏录》："琅琊王肃，　仕南朝，

hào míng yǐn　chún gēng　jí huán běi dì　yòu hào yáng ròu　lào
好茗饮、莼羹。及还北地，又好羊肉、酪

jiāng　rén huò wèn zhī　míng hé rú lào　　sù yuē　míng
浆。人或问之：'茗何如酪？'肃曰：'茗

bù kān yǔ lào wéi nú
不堪与酪为奴。'"

　　　　tóng jūn lù　　xī yáng　wǔ chāng　lú jiāng　jìn
　　《桐君录》："西阳、武昌，庐江、晋

陵好茗，皆东人作清茗。茗有饽，饮之宜人。凡可饮之物，皆多取其叶。天门冬、菝葜取根，皆益人。又巴东别有真茗茶，煎饮令人不眠。俗中多煮檀叶并大皂李作茶，并冷。又南方有瓜芦木，亦似茗，至苦涩，取为屑茶饮，亦可通夜不眠。煮盐人但资此饮，而交广最重，客来先设，乃加以香芼辈。"

第 二 十 九 课

《坤元录》:"辰州溆浦县西北三百五十里无射山①, 云, 蛮俗当吉庆之时,亲族集会歌舞于山上。山多茶树。"

《括地图》:"临遂县东一百四十里有茶溪。"

山谦之《吴兴记》:"乌程县西二十里有温山,出御荈。"

---

① 无射(yì)山:因无射而得名,处于湘西武陵山脉,无射是古代十二律吕之一。

《夷陵图经》：" 黄 牛 、 荆 门 ， 女 观 、

望 州 等 山 ， 茶 茗 出 焉 。"

《永嘉图经》：" 永 嘉 县 东 三 百 里 有

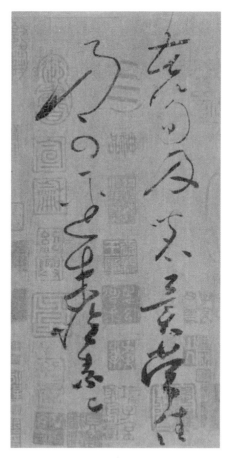

《苦笋帖》 ［唐］怀素

bái chá shān
白 茶 山。"

huái yīn tú jīng　　　　shān yáng xiàn nán èr shí lǐ yǒu
《淮 阴 图 经》:"山 阳 县 南 二 十 里 有

chá pō
茶 坡。"

chá líng tú jīng yún　　chá líng zhě　　suǒ wèi líng
《茶 陵 图 经》云:"茶 陵 者, 所 谓 陵

gǔ shēng chá míng yān
谷 生 茶 茗 焉。"

běn cǎo mù bù　　míng kǔ chá wèi gān kǔ
《本 草·木 部》:"茗, 苦 茶。味 甘 苦,

wēi hán wú dú zhǔ lòu chuāng lì xiǎo biàn qù tán kě
微 寒, 无 毒。主 瘘 疮, 利 小 便, 去 痰、渴、

rè lìng rén shǎo shuì qiū cǎi zhī kǔ zhǔ xià qì xiāo shí
热, 令 人 少 睡。秋 采 之 苦, 主 下 气 消 食。

zhù yún chūn cǎi zhī
注 云 '春 采 之'。"

běn cǎo cài bù kǔ cài yì míng tú yì
《本 草·菜 部》:"苦 菜, 一 名 茶, 一

míng xuǎn yì míng yóu dōng shēng yì zhōu chuān gǔ shān líng dào
名 选, 一 名 游 冬, 生 益 州 川 谷 山 陵 道

páng líng dōng bù sǐ sān yuè sān rì cǎi gān zhù yún
傍, 凌 冬 不 死。三 月 三 日 采, 干。注 云:

疑此即是今茶，一名茶。令人不眠。《本草注》：按诗云'谁谓茶苦'，又云'堇荼如饴'，皆苦菜也。陶谓之苦茶，木类，非菜流。茗，春采谓之苦搽。"

《枕中方》："疗积年瘘，苦茶、蜈蚣并炙，令香熟，等分捣筛，煮甘草汤洗，以末傅之。"

《孺子方》："疗小儿无故惊蹶，以苦茶、葱须煮服之。"

八 bā 之 zhī 出 chū

《卢仝煮茶图》 [明] 丁云鹏

八之出
第三十课

山南，以峡州上，襄州、荆州次，衡州下，金州、梁州又下。

淮南，以光州上，义阳郡、舒州次，寿州下，蕲州、黄州又下。

浙西，以湖州上，常州次，宣州、杭州，睦州、歙州下，润州、苏州又下。

剑南，以彭州上，绵州、蜀州次，邛州次，雅州、泸州下，眉州、汉州又下。

浙东，以越州上，明州、婺州次，台
州下。

黔中，生思州、播州，费州、夷州。

江南，生鄂州，袁州、吉州。

岭南，生福州、建州，韶州、象州。

其思、播、费、夷，鄂、袁、吉，福、建、
韶、象十一州，未详。往往得之，其味
极佳。

九 jiǔ
之 zhī
略 lüè

《唐人宫乐图》 [唐] 佚名

九之略
第三十一课

其造具，若方春禁火之时，于野寺
山园，丛手而掇，乃蒸、乃春、乃拍，以
火干之，则又棨、扑、焙、贯、棚，穿、育等
七事皆废。

其煮器，若松间石上可坐，则具列
废。用槁薪、鼎锅之属，则风炉、灰承，
炭树、火筴，交床等废。若瞰泉临涧，
则水方、涤方，漉水囊废。若五人以下，

茶可末而精者，则罗废。若援藟跻岩，

引緪入洞，于山口炙而末之，或纸包

合贮，则碾、拂末等废。既瓢、碗、筴、札，

熟盂、醝簋悉以一筥盛之，则都篮废。

但城邑之中，王公之门，二十四器

阙一，则茶废矣。

十之图

shí zhī tú

《题唐十八学士图卷》局部 [北宋] 赵佶

十之图
shí zhī tú

第三十二课

yǐ juàn sù huò sì fú huò liù fú fēn bù xiě
以绢素，或四幅，或六幅，分布写

zhī chén zhū zuò yú zé chá zhī yuán zhī jù zhī zào
之，陈诸座隅，则茶之源，之具、之造，

zhī qì zhī zhǔ zhī yǐn zhī shì zhī chū zhī lüè mù
之器、之煮，之饮、之事，之出、之略，目

jī ér cún yú shì chá jīng zhī shǐ zhōng bèi yān
击而存，于是《茶经》之始终备焉。

后 记

　　十年以前，大益集团的吴远之总裁说过这么一句话，让我至今难以忘怀，他说："日本每年有 50 万人研习茶道，中国是茶文化的发源地，是日本茶道的输出国，人口是日本的十倍多，每年研习茶道的人数还不及日本。"这是客观现实，除了看到不足，也看到其中有巨大的机会。大益在这年成立了大益茶道院，一直在中国茶道这个领域默默耕耘。

　　传播日本茶道最知名的机构莫过于里千家，我在阅读其十六代家元千玄室的书籍时了解到：里千家在全球有 135 家分支机构，培训学员几百万人，甚至在南美和非洲都有其修习场所；此外，里千家还致力于学校茶道的普及，在 6000 多所大中小学学校里开设了茶道课。这么一个数量真是让人赞叹。

　　在全面复兴中国文化的大背景下，中国茶道有其历史使命，而最基本的工作就是从拿起茶杯饮用真茶开始，与此同时将读懂陆羽《茶经》当作一个茶人的基本功课，从一碗茶汤里辐射到世间万象。

今年我创立了"伊陆山房"，以书院的形式传承中国茶道，并计划在全国各地授权建立"陆羽茶经实践基地"，寻求各种机会推广《茶经》诵读、抄写，以普及中国茶道。中国茶道有其深厚的土壤，因其历史悠久、幅员辽阔和气候变化丰富，茶道之根必然在中国。目前中国有几十万家茶店和茶馆，从业人员其实都可以认真地诵读《茶经》，也有33所本科和72所专科茶学专业院校，其中的学子作为即将进入茶行业的后备生力军，也很有必要在大学阶段就认真研习《茶经》。

此次《茶经诵读功课》的出版，更是让我明确了方向，期待与有志于《茶经》推广的诸君一起努力，让中国茶道成为精致生活文化的核心，让"比屋之饮"（即家家户户都喝茶）这一愿景成为现实。

蓝　彬

2021 年 9 月 19 日

图书在版编目（CIP）数据

茶经诵读功课/蓝彬编.－－修订本.－－北京：华夏出版社有限公司,2022.1
（2023.4 重印）

　ISBN 978-7-5222-0218-1

Ⅰ.①茶…　Ⅱ.①蓝…　Ⅲ.①茶文化－中国－古代　Ⅳ.①TS971.21

中国版本图书馆 CIP 数据核字（2021）第 232238 号

茶经诵读功课

著　　者	（唐）陆　羽
编　　著	蓝　彬
责任编辑	陈小兰　李增慧
责任印制	周　然

出版发行	华夏出版社有限公司
经　　销	新华书店
印　　刷	北京华宇信诺印刷有限公司
装　　订	三河市少明印务有限公司
版　　次	2022 年 1 月北京第 1 版
	2023 年 4 月北京第 2 次印刷
开　　本	720×920　1/16
印　　张	7.25
字　　数	100 千字
定　　价	26.80 元

华夏出版社有限公司　　地址：北京市东直门外香河园北里 4 号　　邮编：100028
网址：www.hxph.com.cn　　电话：（010）64663331（转）
若发现本版图书有印装质量问题，请与我社营销中心联系调换。